westermann

Sachrechnen und Größen

Erarbeitet von

Judith Beerbaum, Anja Göttlicher, Sarah Pfleger, Britta Wettels und Stephanie Zippel

in Zusammenarbeit mit der Westermann-Grundschulredaktion

Unter Beratung von

Henrieke Peter

Illustriert von

Angelika Citak und Karoline Kehr

Flex und Flo

Mathematik 2

Zeichenerklärung

Male/Zeichne mit der entsprechenden Farbe.

Benutze Material.

Bearbeite die Aufgabe in Partnerarbeit.

Addieren
heißt plus rechnen.

Hier steht ein neues Fachwort.

Grundaufgabe
2 + 2 = 4, also
32 + 2 = 34

Hier steht ein neues Fachwort oder ein neues Beispiel, wie du über Mathematik sprechen kannst.

AH S. 54 — Verweis auf weitere Übungen auf den angegebenen Seiten im Flex und Flo Arbeitsheft 2 (Ausgabe 2021)

S1 — Verweis auf passenden Diagnosetest im Flex und Flo Diagnoseheft 2 (Ausgabe 2021)

19 A-C — Verweis auf passende herausfordernde Aufgaben in der Flex und Flo Entdeckerkartei 2 (Ausgabe 2021)

S. 58 — Verweis auf passende Übungen auf den angegebenen Seiten im Flex und Flo Trainingsheft Interaktiv 2 (Ausgabe 2021)

1 **Aufgabe aus dem Anforderungsbereich I**
Reproduzieren: erfordert Grundwissen und das Ausführen von Routinetätigkeiten

1 **Aufgabe aus dem Anforderungsbereich II**
Zusammenhänge herstellen: erfordert das Erkennen und Nutzen von Zusammenhängen

1 **Aufgabe aus dem Anforderungsbereich III**
Verallgemeinern und Reflektieren: erfordert komplexe Tätigkeiten wie Strukturieren, Entwickeln von Strategien, Beurteilen und Verallgemeinern

Einführung von Fachwörtern oder Redemitteln
Eine Sammlung der im Heft eingeführten Fachwörter und Redemittel zum Nachschlagen findet sich auf der letzten Doppelseite und der Beilage „Fachwörter und Redemittel 2“.

Medienbildung und Mathematiklernen verbinden
Anregung zur Bearbeitung mathematischer Lerninhalte mit digitalen Werkzeugen

Tipp zur Verknüpfung der Themenhefte

Inhaltsverzeichnis

1 Was kann es kosten? Schreibe Preise auf.

a)

b)

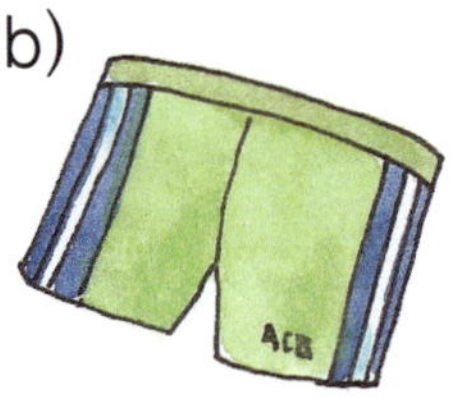

c)

d)

Zum Bild erzählen. Preisschilder malen.

1 **Recherche:** Preise von Strandartikeln ermitteln, mit eigenen Schätzungen vergleichen.

Vorherige Bearbeitung Themenheft Addieren und Subtrahieren bis S. 23 empfohlen.

1 Wie teuer ist es? Lege mit Rechengeld.
Male die Scheine und Münzen in dein Heft.

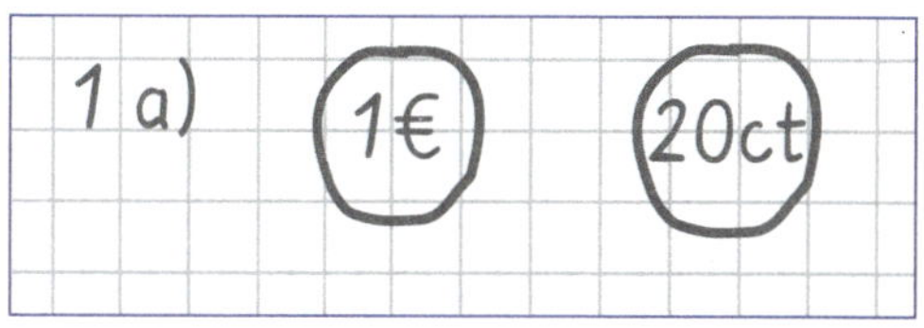

a) 
b) 
c) 

d) 

e) 
f) 

g) 

2 Was würdest du kaufen?
Schreibe in dein Heft und male die Scheine und Münzen.

Recherche: Preise von Schreibwaren ermitteln, ggf. für ein Merkplakat nutzen:
Was kostet ungefähr 50 ct, 1 €, 10 €, ...?

1 Wie viel Cent sind es?

1 a) 97 ct

a)

b)

c)

d)

e)

f)

2 Lege mit Rechengeld und male in dein Heft.

a) 75 ct b) 99 ct c) 56 ct d) 38 ct e) 28 ct

3 Lege mit Rechengeld, dein Partnerkind kontrolliert. Wechselt euch ab.

18 ct	7 ct	32 ct	51 ct	76 ct
89 ct	63 ct	44 ct	95 ct	27 ct

4 a) Legt mit möglichst wenig Münzen.

34 ct 55 ct 90 ct 63 ct 27 ct

b) Immer 50 Cent. Findet ihr drei verschiedene Möglichkeiten?

5 Immer vier Münzen.

77 ct	37 ct	82 ct	50 ct
30 ct	41 ct	64 ct	95 ct

6 Welche sechs Beträge kannst du mit vier Münzen legen?

58 ct	39 ct	26 ct	97 ct
54 ct	85 ct	44 ct	72 ct

19 A-C

2–6 Beträge mit Rechengeld legen, dann malen.

Unser Geld – Euro und Cent

1 Lege wie Flex immer 1 Euro mit Cent-Münzen.
Findest du drei verschiedene Möglichkeiten?

2 Wie viel Euro sind es? Lege mit Rechengeld nach.

a) 

b) 

c) 

d) 

e) 

1 Euro hat
100 Cent.
1 € = 100 ct

3 Aufgepasst!
Wie viel Euro und Cent sind es?

3 a) __€___ct

a) 

b) 

c) 

d) 

e) 

f) 

S. 58 AH S. 53

Unser Geld – Euro

1 Wie viel Euro sind es?

a) 

b) 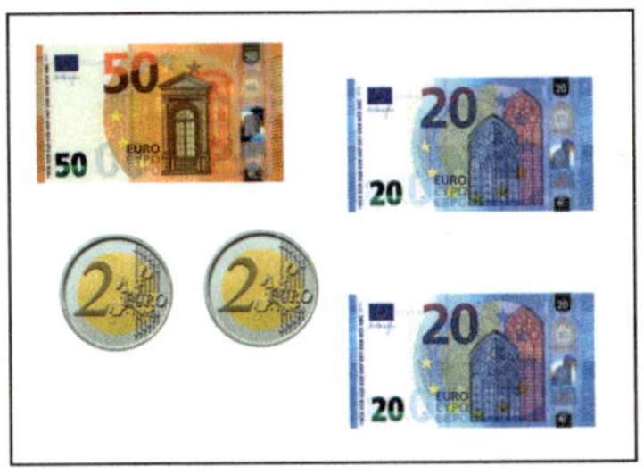

c) 

d) 

e) 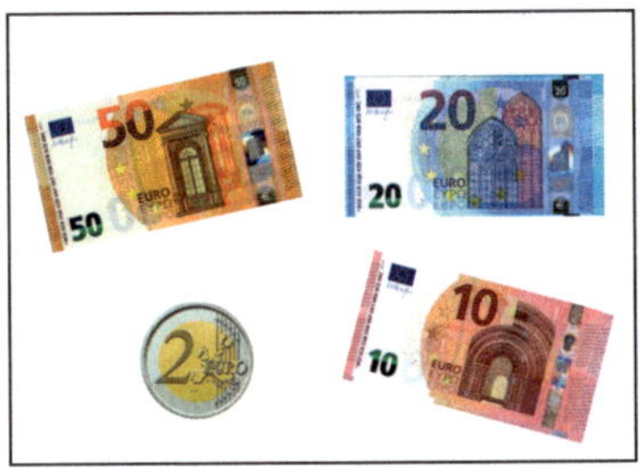

f) 

2 Lege mit Rechengeld, dein Partnerkind kontrolliert. Wechselt euch ab.

12 € 19 € 25 € 43 € 50 € 33 € 81 € 74 € 99 €

3 Welche Münzen und Scheine sind es?
Schreibe in dein Heft.

3 a) 10 €, 5 €, 5 €

a) 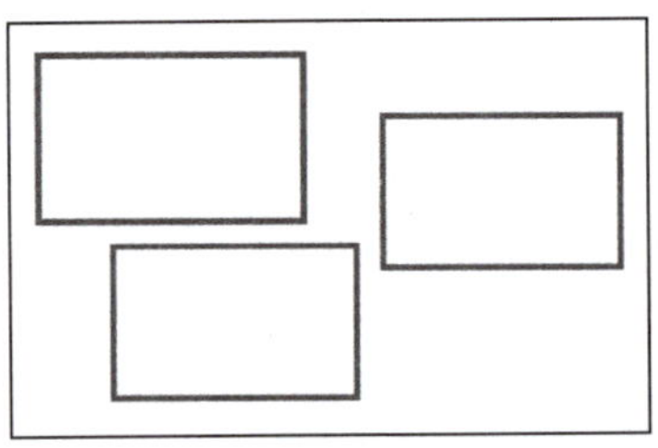

20 €

b) 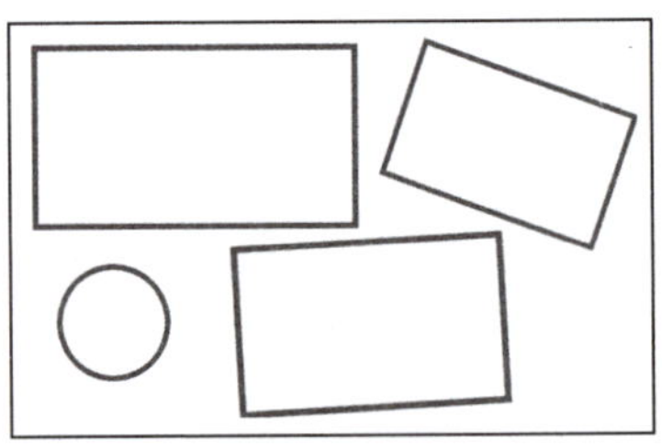

77 €

c) 

45 €

d) 

78 €

e) 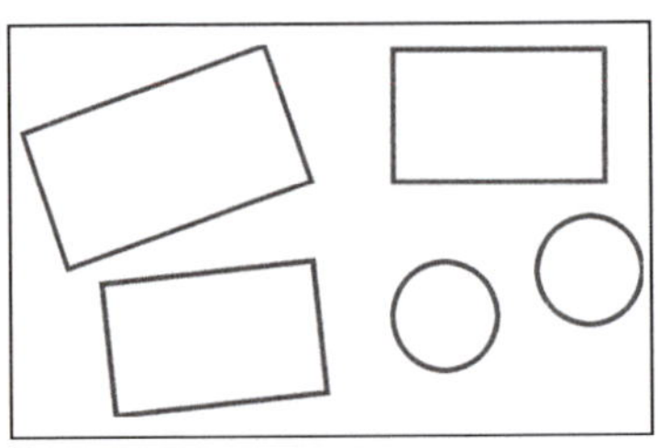

94 €

f) 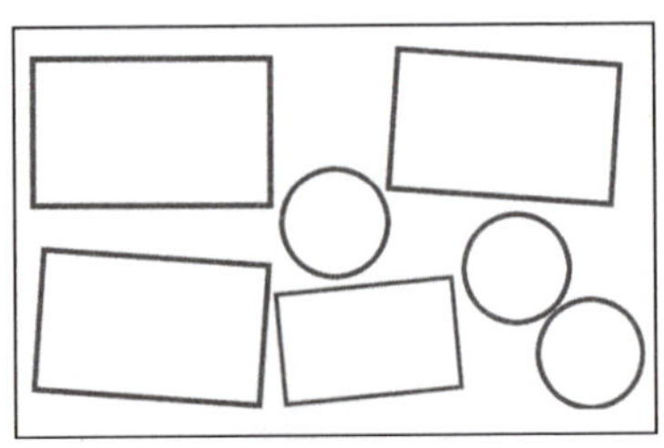

101 €

AH S. 53

1–3 Mit Rechengeld legen.
Fotografie: Geldbeträge legen, fotografieren und Fotos ausdrucken. Beträge separat notieren, ein Paarspiel für die Klasse erstellen.

Unser Geld – Geldbeträge vergleichen

1 a) Wie viel Geld haben die Kinder?

1 a) Mia hat ___ €.

Mia

Sam

Esa

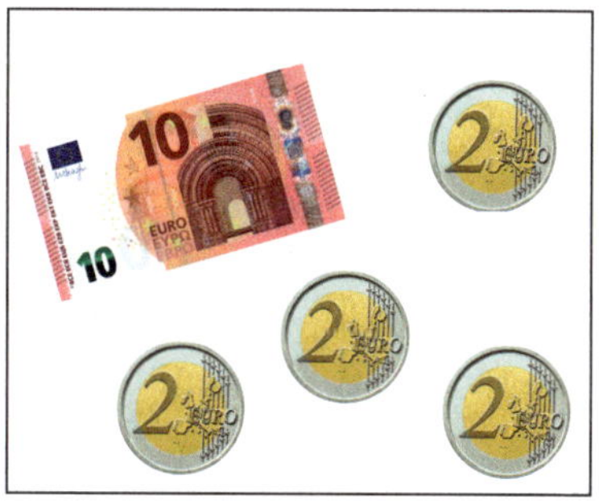

b) Was stimmt?

A: Sam hat das meiste Geld.

B: Mia hat mehr Geld als Sam.

C: Mia und Esa haben gleich viel Geld.

D: Esa hat mehr Geld als Mia.

2 a) Wie viel Geld haben die Kinder?

2 a) Ole hat _ € ___ ct.

Ole

Lukas

Marie

b) Wer hat das meiste Geld?

3 a) Wie viel Geld haben die Kinder?

Max

Anna

Nisa

b) Was stimmt?

A: Max hat das meiste Geld.

B: Nisa hat das meiste Geld.

C: Max hat 10 ct mehr als Anna.

D: Nisa hat 30 ct mehr als Max.

4 Wer hat mehr Geld? Schreibe den Unterschied auf.

a) Lea hat 5 € 75 ct. Tom hat 5 € 25 ct.

b) Jan hat 7 € 59 ct. Yun hat 7 € 95 ct.

4 a) Lea hat _ ct mehr.

S1

S. 59

AH S. 53

1 Wie kannst du bezahlen? Male die Scheine und Münzen in dein Heft.

a) 

b) 

c) 

d) 

2 Wie viel Euro müssen die Kinder bezahlen?

a) Greta kauft

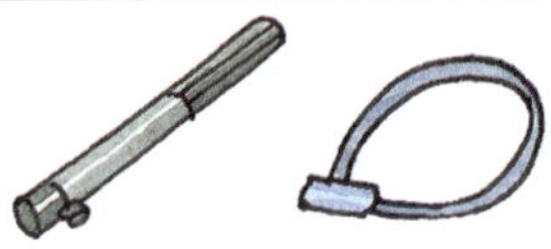

2 a) 6 € + 7 € = ___ €
Greta muss ___ € bezahlen.

b) Oskar kauft

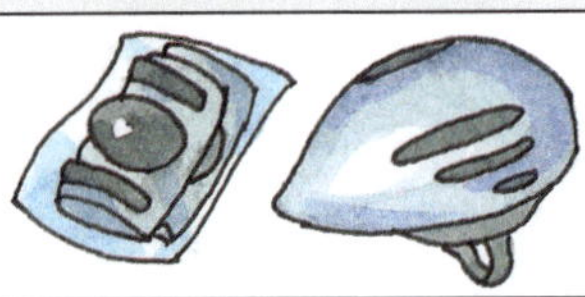

c) Lena kauft

d) Tan kauft

3 Was willst du einkaufen? Wie viel Euro musst du bezahlen?

3) Ich kaufe 1 Roller und _____.
64 € + ______________
Ich muss ___ € bezahlen.

4 Schreibe eine Rechengeschichte für dein Partnerkind auf.
Dein Partnerkind löst sie.

S. 60

1–4 Rechengeld verwenden.
3 Eigene Aufgaben finden.
Vorherige Bearbeitung Themenheft Addieren und Subtrahieren bis S. 54 empfohlen.

1 a)

Sofie hat	Sofie kauft	Zurück
		?

1 a) Preis: 15 €
Zurück: 5 €

b)

Jakob hat	Jakob kauft	Zurück
		?

c)

Emma hat	Emma kauft	Zurück
		?

2 Wie viel kostet es zusammen?
Wie viel Geld bekommen
die Kinder zurück?

2 a) Preis: 16 € + ___ € = ___ €
Zurück:

a)

Elif hat	Elif kauft	Zurück
		?

b)

Berken hat	Berken kauft	Zurück
		?

3 a)

Merve hat	Merve kauft	Zurück
		?

b)

Lukas hat	Lukas kauft	Zurück
		?

4 a) Du hast 20 €. Was kaufst du?
Wie viel Euro bekommst du zurück?
b) Du hast __ €. Was kaufst du?

1 Wie viel kostet es zusammen?
Schreibe die Aufgabe und die Antwort auf.

1) 9 € + ____________
Zusammen kostet
es ___ €.

2 Wie viel kostet es zusammen? Schreibe die Aufgabe und die Antwort auf.

a) Finn kauft den Ball und die Puppe. Wie viel muss er bezahlen?

b) Lena kauft das Auto und die Blockflöte. Wie viel muss sie bezahlen?

c) Paula kauft die Lampe und den Helm. Wie viel muss sie bezahlen?

3 Was würdest du kaufen? Schreibe eine Rechengeschichte.
Dein Partnerkind löst sie.

4

a) 20 € − 5 €
20 € − 17 €
20 € − 11 €

b) 50 € − 36 €
50 € − 41 €
50 € − 19 €

c) 100 € −91 €
100 € − 63 €
100 € − 95 €

5

a) 50 € − __ = 46 €
30 € − __ = 29 €
14 € + __ = 20 €
37 € + __ = 40 €

b) 70 € − __ = 6 €
90 € − __ = 9 €
41 € + __ = 50 €
73 € + __ = 80 €

c) 46 € + __ = 50 €
29 € + __ = 100 €
50 € − __ = 41 €
60 € − __ = 18 €

AH S. 54

1 Bestimme die Preise. Schreibe in dein Heft.

a)

Gekauft	Bezahlt
	18 €
	14 €

b)

Gekauft	Bezahlt
	14 €
	11 €

a) Ein Buch kostet __€,
eine Puppe kostet __€.

b) Ein Farbkasten kostet __€,
ein Pinsel kostet __€.

2 Wie teuer sind die Waren? Schreibe wie in Aufgabe 1.

a)

Gekauft	Bezahlt
	20 €
	12 €

b)

Gekauft	Bezahlt
	10 €
	19 €

3 Schreibe wie in Aufgabe 1.

a)

Gekauft	Bezahlt
	32 €
	44 €

b)

Gekauft	Bezahlt
	51 €
	30 €

1 Was gehört zusammen?

1 a) 1 E,

① 

② 

③ 

④ 

A	Armbanduhr
B	Sanduhr
C	Stoppuhr
D	Eieruhr
E	Wecker
F	Digitaluhr auf dem Handy
G	Bahnhofsuhr
H	Smartwatch
I	Sonnenuhr

⑤ 

⑥ 

⑦ 

⑧ 

⑨ 

2 Wann braucht man diese Uhren?

3 Welche Uhrzeiten sind für dich wichtig? Warum?

3 Uhrzeiten an der Lernuhr einstellen und dazu erzählen.

➡ Vorherige Bearbeitung Themenheft Addieren und Subtrahieren bis S. 30 empfohlen.

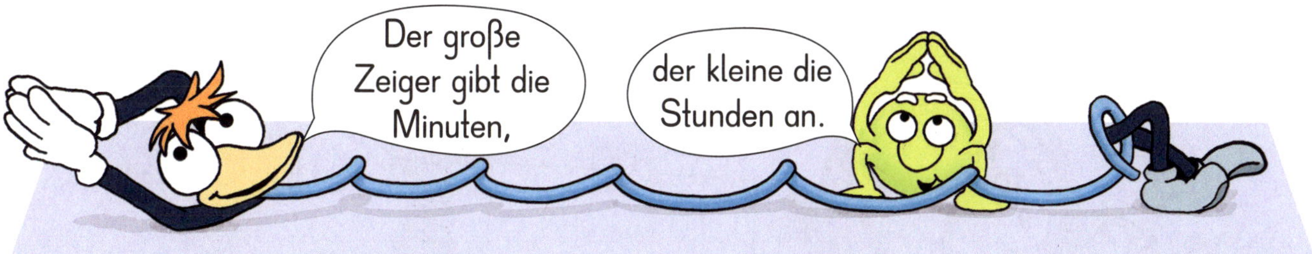

1 Es ist 7 Uhr. Immer 5 Minuten mehr. Schreibe in dein Heft.

7 Uhr

___ Uhr ___ Minuten   7 Uhr 5 Minuten

___ Uhr ___ Minuten   7 Uhr ___ Minuten

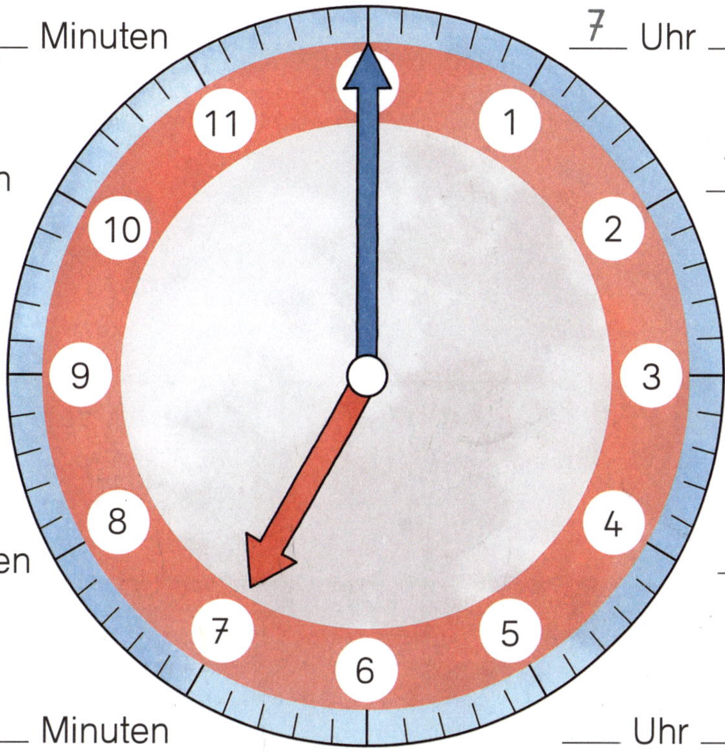

___ Uhr ___ Minuten   ___ Uhr ___ Minuten

___ Uhr ___ Minuten   ___ Uhr ___ Minuten

___ Uhr ___ Minuten   ___ Uhr ___ Minuten

___ Uhr ___ Minuten

2 Wie viele Minuten sind vergangen?

2 a) ___ Minuten

a) 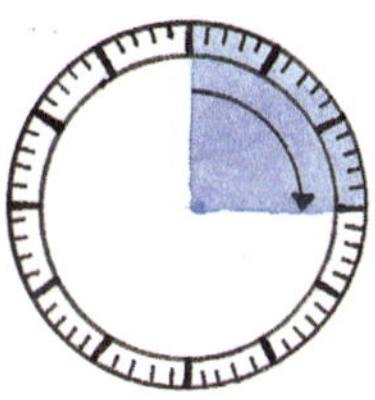
b) 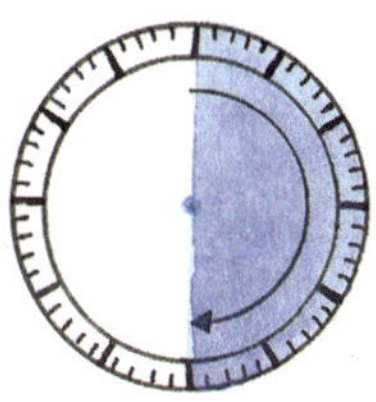
c) 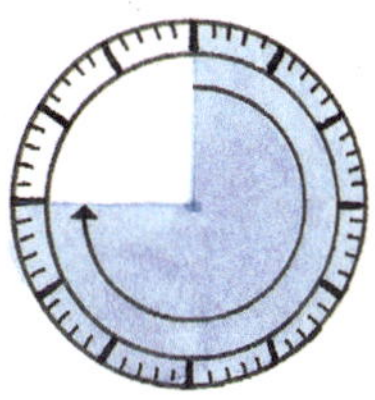
d) 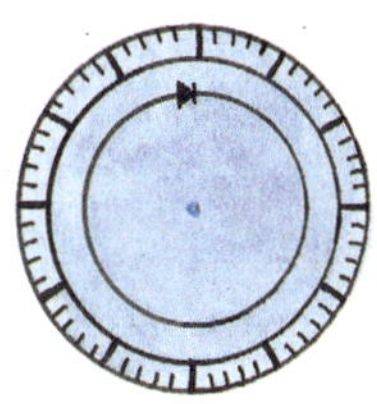

1 Stunde hat 60 Minuten.

1 h = 60 min

3 Wie viele Minuten sind vergangen?

a) 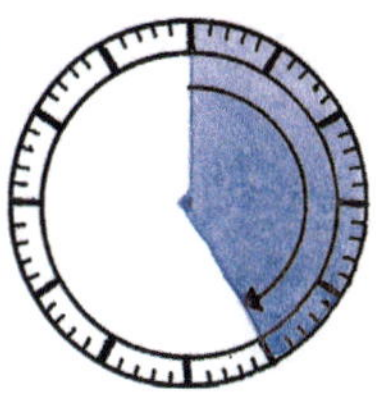
b) 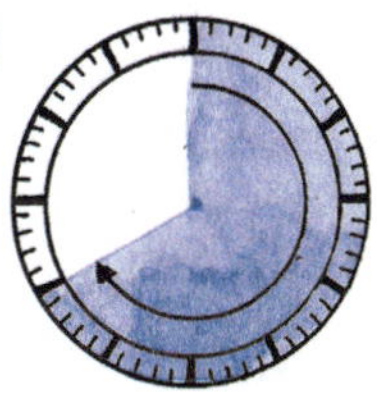
c) 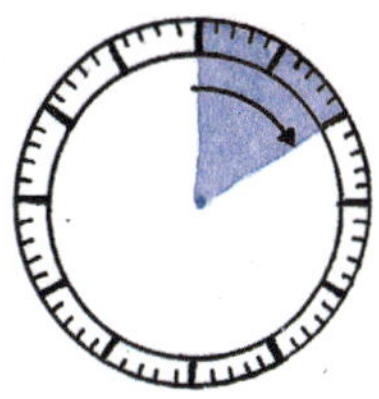
d) 
e) 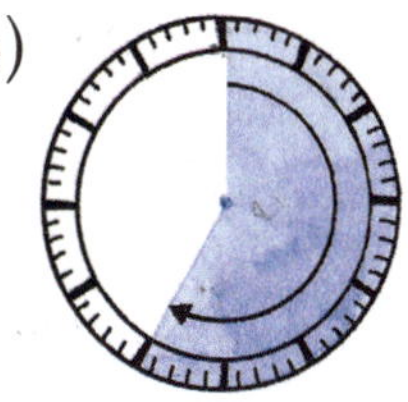

1 Uhrzeiten an der Lernuhr einstellen. **Videoaufnahme:** Erklärfilm zum Aufbau der analogen Uhr und zum Einstellen von Uhrzeiten (exemplarische Beispiele) aufnehmen.

S. 62 AH S. 55

Zeit – Uhrzeiten

1 Gib immer beide Uhrzeiten an wie Flex. Schreibe ins Heft.

a) 
b) 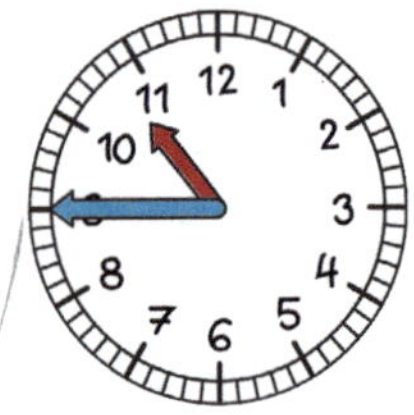
c) 
d) 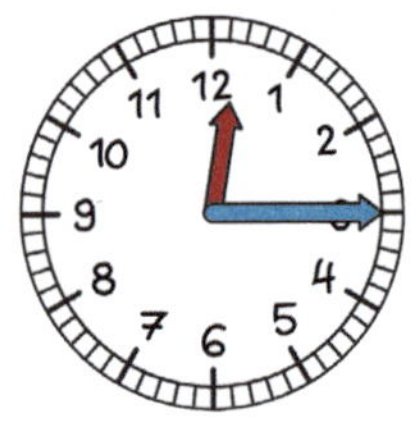

Viertel nach 12

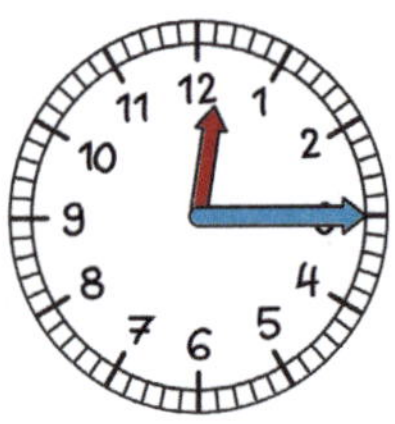

halb 1

Viertel vor 1

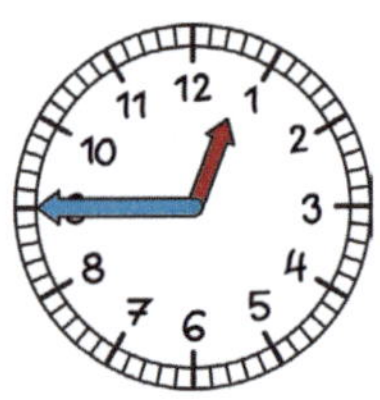

2 Viertel nach, halb oder Viertel vor? Schreibe ins Heft.

2 a) 9.30 Uhr
21.30 Uhr
halb 10

a) 
b) 
c) 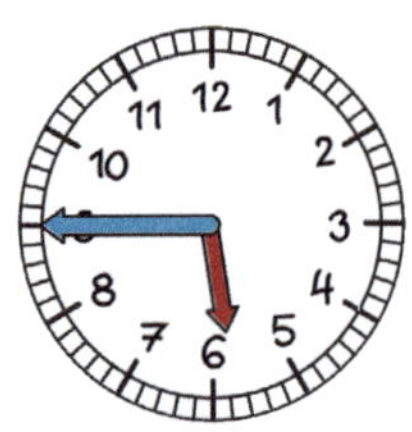
d) 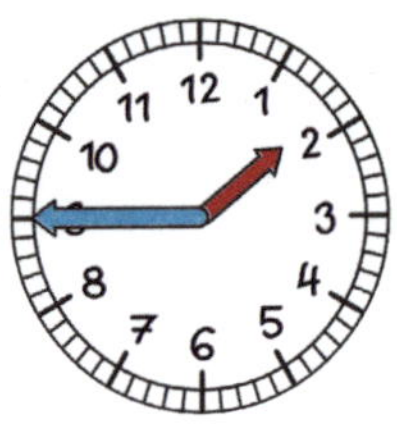
e) 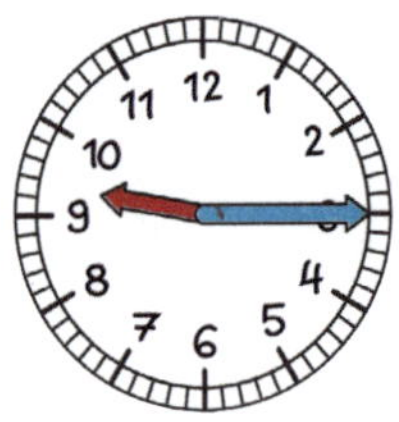
f) 
g) 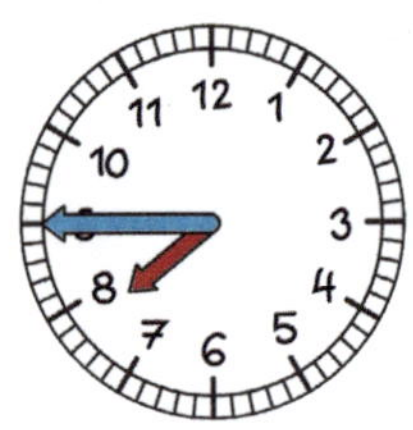

3 Welche Digitaluhr zeigt die richtige Zeit?

a) 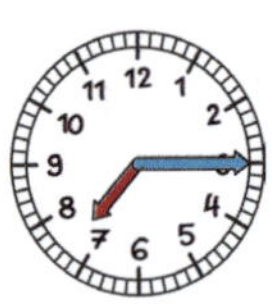
A 6:15
B 8:15
C 7:15

b) 
A 3:30
B 14:30
C 15:30

c) 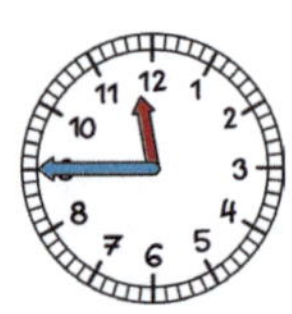
A 11:15
B 12:45
C 11:45

AH S. 56 S. 63

1 Partnerarbeit: Weitere Uhrzeiten an der Lernuhr einstellen und beide Uhrzeigen angeben, evtl. auch in 5-Minuten-Schritten.

Zeit – Zeitspannen

1 Wie lange dauert es?

1 a) 14.00 Uhr $\xrightarrow{\text{2 Stunden}}$ ____ Uhr

a)

b)

c)

d)

2 Wie viele Stunden sind vergangen?

a)

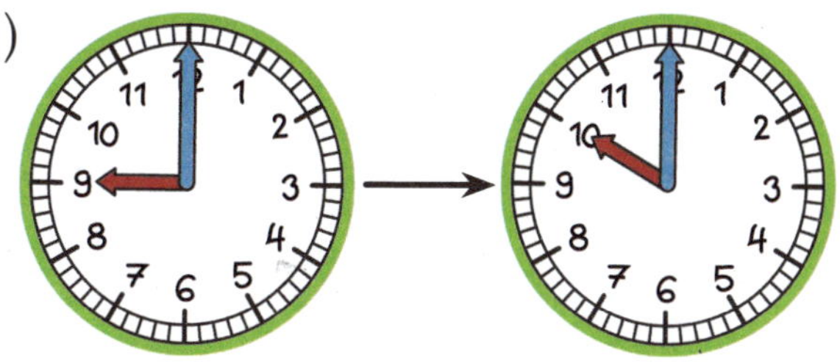

b)

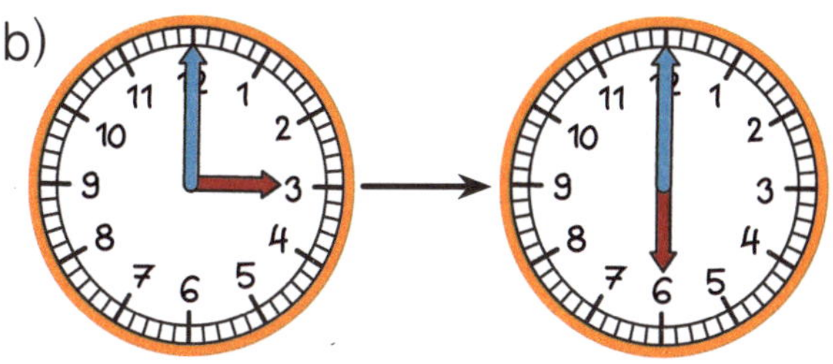

c)

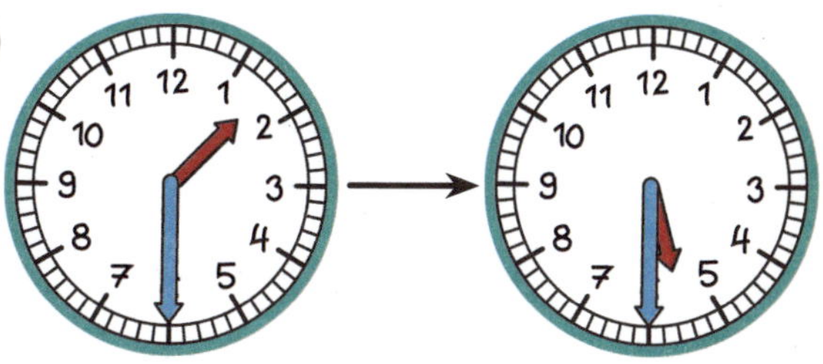

d)

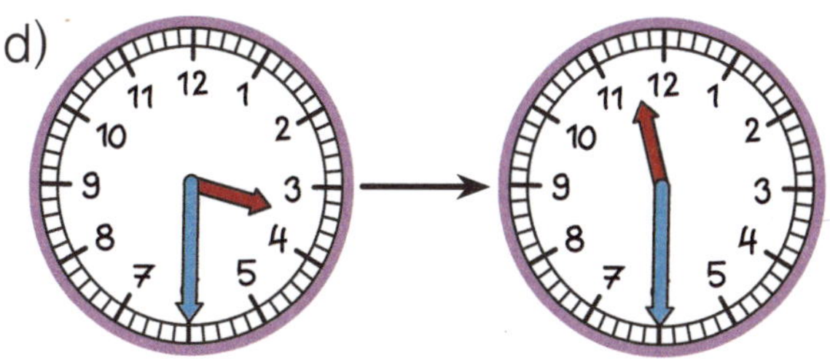

2 Verschiedene Lösungen möglich bei Berücksichtigung der zweiten Tageshälfte.

S. 64 AH S. 57

1

Beginn	Dauer	Ende
13.00 Uhr	2 Stunden	15.00 Uhr
16.00 Uhr		
19.30 Uhr		

2 Wie spät ist es

2 a) 18.00 Uhr $\xrightarrow{2\,h}$ 20.00 Uhr

a) in 2 Stunden,	b) in 5 Stunden,	c) in 8 Stunden?
18.00 Uhr	6.45 Uhr	15.00 Uhr
9.00 Uhr	12.10 Uhr	1.40 Uhr
21.00 Uhr	14.05 Uhr	6.35 Uhr

2 Stunden, abgekürzt 2 h

3 a) Wie spät war es vor 3 Stunden?

3 a)	8.00 Uhr	$\xleftarrow{3\,h}$	11.00 Uhr
	______	$\xleftarrow{3\,h}$	17.00 Uhr
	______	$\xleftarrow{3\,h}$	23.00 Uhr
	______	$\xleftarrow{3\,h}$	5.00 Uhr

b) Wie spät war es vor 4 Stunden?

22.10 Uhr
8.30 Uhr
13.45 Uhr
19.20 Uhr
4.50 Uhr

4 Wie spät war es, wie spät ist es?

a) Vor 2 Stunden
c) In 3 Stunden
e) In 30 Minuten
g) Vor 30 Minuten

b) Vor 5 Stunden
d) In 2 Stunden
f) In 1 Stunde 30 Minuten
h) Vor 10 Minuten

AH S. 57 19 D-F S. 64

4 Verschiedene Lösungen möglich bei Berücksichtigung der zweiten Tageshälfte.

1 a) Das Sportfest beginnt um 8.30 Uhr und endet um 12.30 Uhr.
Wie lange dauert das Fest?

8.30 Uhr ⟶ 12.30 Uhr

Das Fest dauert ___ Stunden.

b) Die Pause dauert von 10.15 Uhr bis 10.30 Uhr.
Wie lange dauert die Pause?

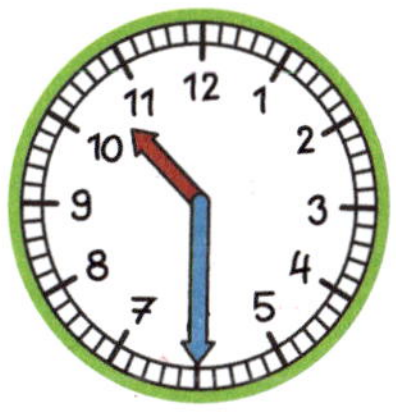

______ ⟶ ______

Die Pause dauert ___ Minuten.

2 Beim ersten 50-m-Lauf sind die Kinder folgende Zeiten gelaufen:

1 Sekunde 1 s

Mara 12 s	Emma 11 s	Lea 9 s
Ben 13 s	Dennis 10 s	

Wer gewinnt? Gib die Reihenfolge der anderen Kinder an.
Schreibe in dein Heft.

3 Beim zweiten Lauf kommen die Kinder so in das Ziel:

Tim ist 3 s vor Lisa ins Ziel gekommen.
Kerem brauchte 1 s mehr als Ella. Ella war 1 s langsamer als Tim.
Lisa ist die 50 m in 12 s gelaufen.
Als Letzter kam Jona ins Ziel. Er war 3 s langsamer als Lisa.
Selim war 2 s schneller als Jona.

a) Schreibe die Zeiten der Kinder auf.
b) Schreibe die Reihenfolge auf. Beginne mit dem schnellsten Kind.
c) Was stimmt?
A: Ella war schneller als Selim.
B: Kerem war schneller als Ella.
C: Kerem war langsamer als Lisa.
D: Lisa war langsamer als Selim.

2022

	Januar	Februar	März	April	Mai	Juni
Mo	3 10 17 24 31	7 14 21 28	7 14 21 28	4 11 18 25	2 9 16 23 30	6 13 20 27
Di	4 11 18 25	1 8 15 22	1 8 15 22 29	5 12 19 26	3 10 17 24 31	7 14 21 28
Mi	5 12 19 26	2 9 16 23	2 9 16 23 30	6 13 20 27	4 11 18 25	1 8 15 22 29
Do	6 13 20 27	3 10 17 24	3 10 17 24 31	7 14 21 28	5 12 19 26	2 9 16 23 30
Fr	7 14 21 28	4 11 18 25	4 11 18 25	1 8 15 22 29	6 13 20 27	3 10 17 24
Sa	1 8 15 22 29	5 12 19 26	5 12 19 26	2 9 16 23 30	7 14 21 28	4 11 18 25
So	2 9 16 23 30	6 13 20 27	6 13 20 27	3 10 17 24	1 8 15 22 29	5 12 19 26

	Juli	August	September	Oktober	November	Dezember
Mo	4 11 18 25	1 8 15 22 29	5 12 19 26	3 10 17 24 31	7 14 21 28	5 12 19 26
Di	5 12 19 26	2 9 16 23 30	6 13 20 27	4 11 18 25	1 8 15 22 29	6 13 20 27
Mi	6 13 20 27	3 10 17 24 31	7 14 21 28	5 12 19 26	2 9 16 23 30	7 14 21 28
Do	7 14 21 28	4 11 18 25	1 8 15 22 29	6 13 20 27	3 10 17 24	1 8 15 22 29
Fr	1 8 15 22 29	5 12 19 26	2 9 16 23 30	7 14 21 28	4 11 18 25	2 9 16 23 30
Sa	2 9 16 23 30	6 13 20 27	3 10 17 24	1 8 15 22 29	5 12 19 26	3 10 17 24 31
So	3 10 17 24 31	7 14 21 28	4 11 18 25	2 9 16 23 30	6 13 20 27	4 11 18 25

1 Wie viele Tage haben die Monate?
Lies die Anzahl der Tage aus dem Kalender ab.

1) Januar 31 Tage
Februar ___ Tage

2 a) Die Faustregel hilft, dir die Anzahl der Tage zu merken.

b) Die Jahre 2024, 2028 und 2032 sind Schaltjahre. In Schaltjahren hat das Jahr einen Tag mehr. Der kürzeste Monat ist dann einen Tag länger.
Welcher Monat ist es?
Wie viele Tage hat dieser Monat dann?

3 Schreibe das Datum anders.

3 a) 3. Januar

a) 3.1.
26.9.
19.4.
3.10.

b) 20.3.
21.2.
23.8.
11.5.

c) 7.12.
30.6.
15.11.
1.7.

d) 12. Januar
14. Juli
9. November

e) 17. Juni
30. Mai
13. August

f) 6. Dezember
28. Februar
3. Oktober

1 Kalenderblätter aus dem Jahr 2023.
Schreibe zu jedem Kalenderblatt den Wochentag und das Datum in dein Heft.

1) Montag, 13.3.2023

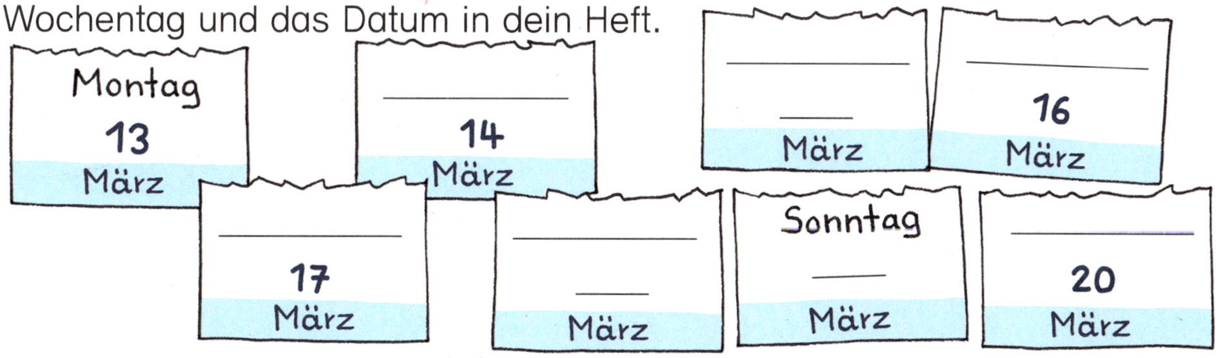

2 a) Heute ist der 15. März 2023. Welcher Wochentag ist es?
b) Welcher Wochentag, welches Datum ist es?
In zwei Tagen
In vier Tagen
In sieben Tagen
In neun Tagen
In zwölf Tagen

3 a) Ergänze die Kalenderblätter für den Monat April.

b) Zeichne den Kalender für den Monat April in dein Heft und fülle ihn vollständig aus.

April 2023

Mo	Di	Mi	Do	Fr	Sa	So
					1	
	4	5	6	7		

c) An welchen Tagen im April ist Montag, an welchen Dienstag, ...?

2, 3 **Recherche/Textverarbeitung:** Feiertage im Jahr 2023 oder im aktuellen Jahr ermitteln, Datum und Wochentag in einer Tabelle notieren, ggf. für eigene Aufgaben nutzen (Vorlage in der BiBox für Lehrer/-innen).

S. 65 AH S. 58 S3

1 Was gehört zusammen?

1) 1 D

①
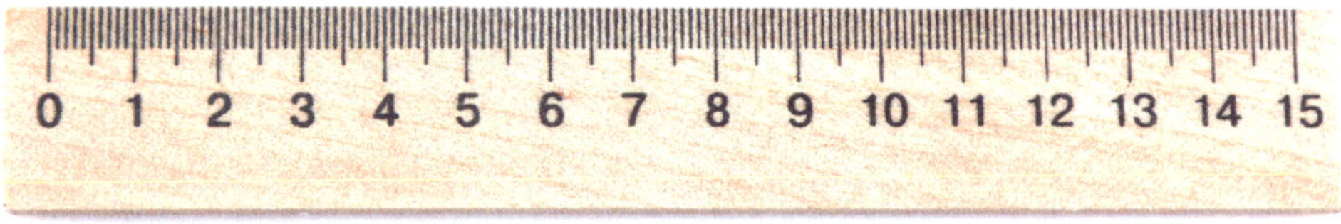

A	Geodreieck

②
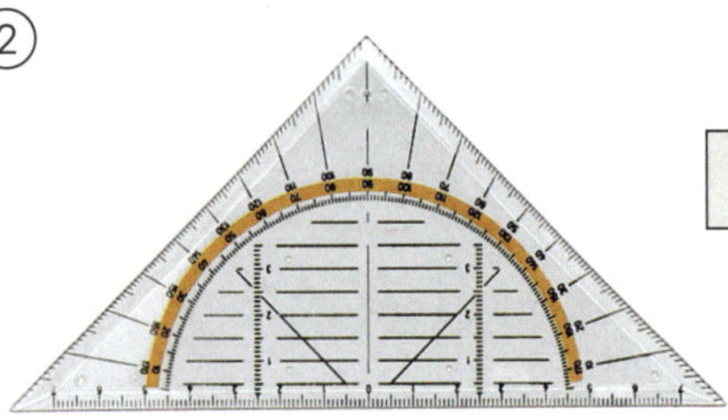

B	Maßband

C	Zollstock

⑤
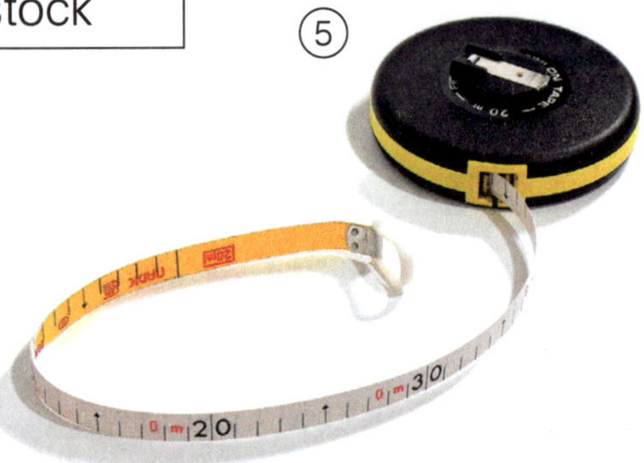

D	Lineal

③
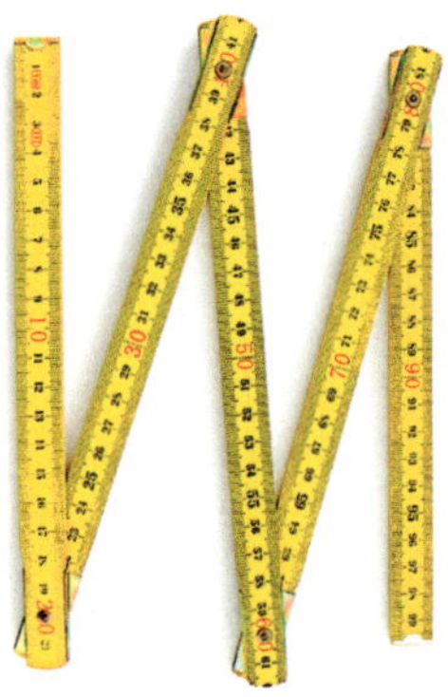

E	Tafellineal

F	Meterstab

⑥
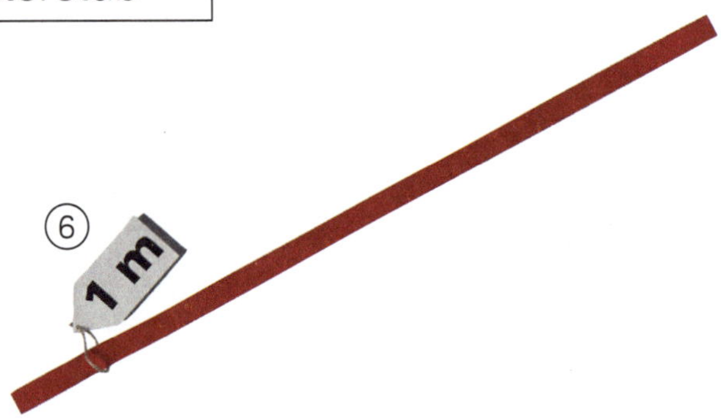

④

2 Wann braucht man diese Messgeräte?

3 Welche Längen kennst du?

Vorherige Bearbeitung Themenheft Addieren und Subtrahieren bis S. 54 empfohlen.

Längen – Meter und Zentimeter

1 Übertragt die Tabelle ins Heft.
Messt mit dem Meterstab oder der Meterschnur. Kreuzt an, was stimmt.

	kürzer als 1 m	genau 1 m	länger als 1 m
Breite Fenster			
Höhe Tür			
Tafellineal			
Höhe Tische			

2 Wer baut den höchsten Turm?

1 Meter hat 100 Zentimeter. 1 m = 100 cm

1 Kopiervorlage für Tabelle in der Handreichung/BiBox für Lehrer/-innen.

Längen – Messen in Zentimetern

1 Wie lang sind die Gegenstände?

1) A: ___ cm

A

B
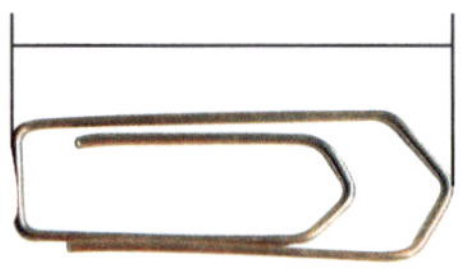

D
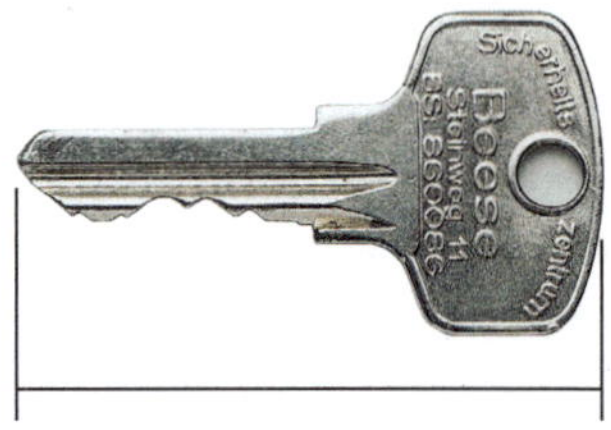

C

2 a) Wie lang sind die Nägel?
b) Ordne die Nägel nach der Länge.
Beginne mit dem kürzesten Nagel.

2 a) A: __ cm B:
b) __ cm < __ cm <

A

B
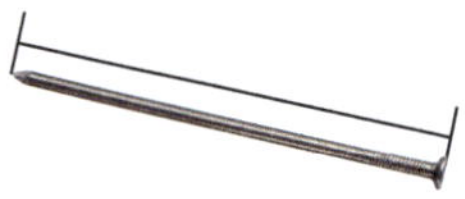

C

D
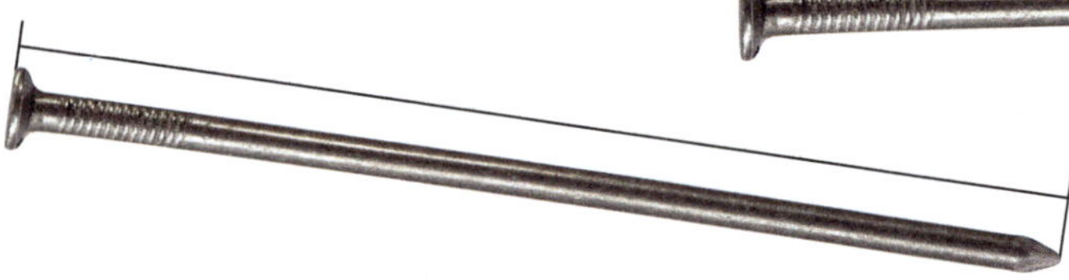

E

3 Wie lang sind die Strecken?

3) a: __ cm
b: __ cm
c: __ cm

a

b

c d e

f g

Längen – Strecken messen und zeichnen

1 Zeichne Strecken. Markiere Anfang und Ende.

a = 3 cm b = 13 cm c = 2 cm

d = 9 cm e = 12 cm f = 6 cm

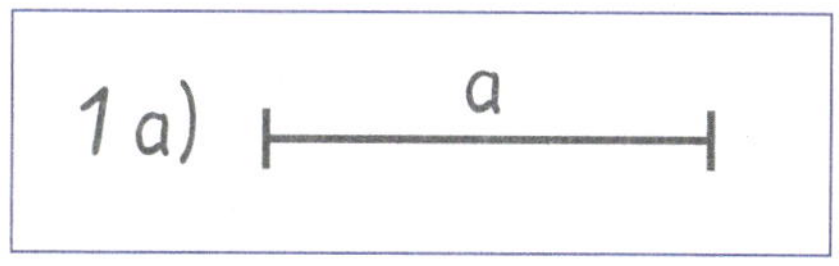

2 Zeichne weitere Strecken.
Lass dein Partnerkind messen.

3 a) Zeichne ein Quadrat.
Die Seiten sind 3 cm lang.

b) Zeichne ein Rechteck. Eine Seite ist 4 cm lang, die andere 6 cm.

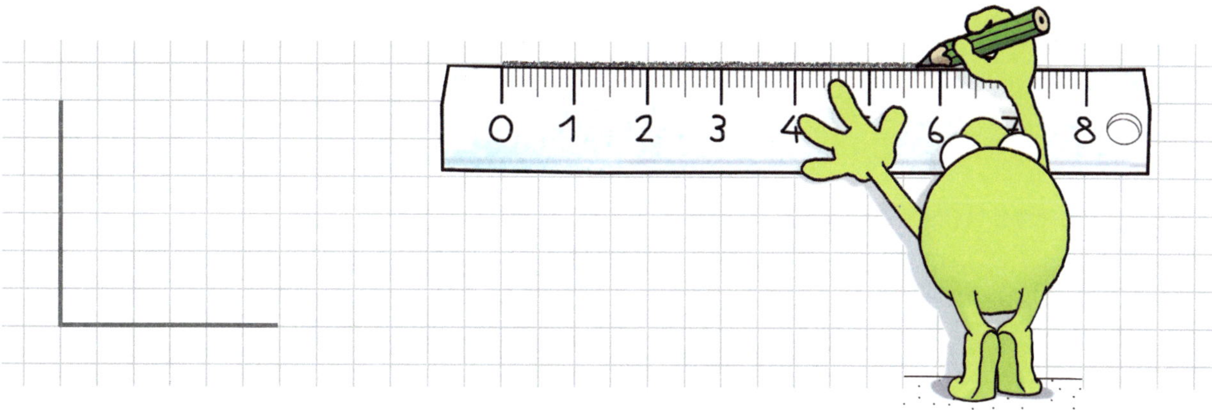

4 Welches ist der längste Weg? Messt.

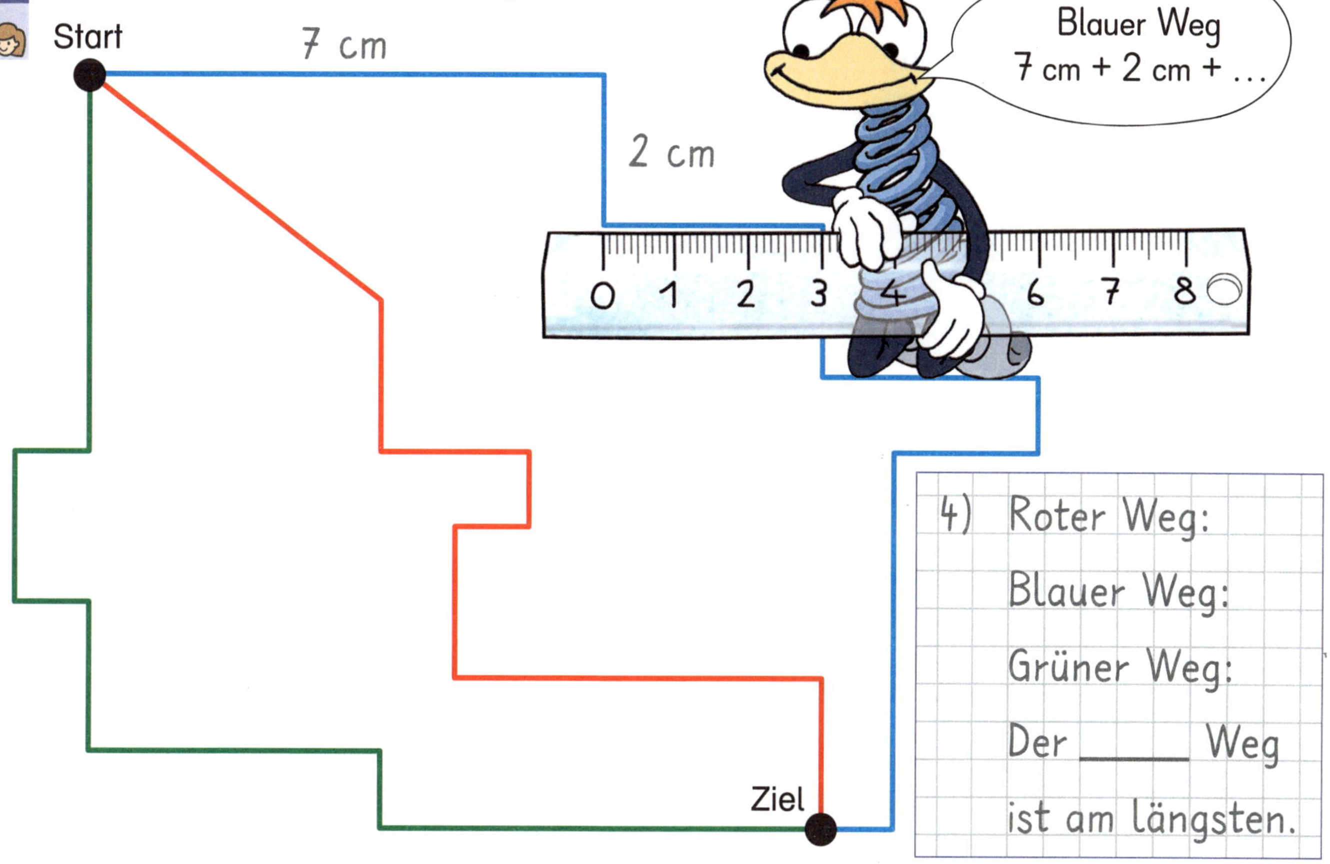

3 5x5 mm Kästchenpapier verwenden.

AH S. 59

Auch mit Körpermaßen kannst du ziemlich genau messen.

Daumenbreite

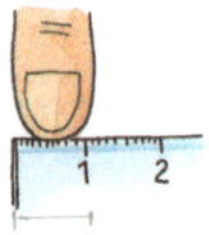

1 cm

Fingerspanne

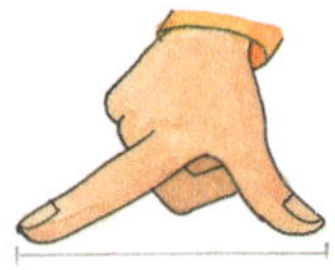

10 cm

Schrittlänge

1 m

1 Messt mit Körpermaßen. Schreibt auf, mit welchem Körpermaß ihr gemessen habt.

a) Breite des Tisches
b) Länge des Radiergummis
c) Länge des Klassenzimmers
d) Breite der Tür
e) Sucht weitere Dinge, die ihr mit einem Körpermaß messen könnt.

2 Vergleicht eure Messergebnisse aus Aufgabe 1.
Was stellt ihr fest?

3 Sucht Gegenstände, die ungefähr so lang sind.

a) 1 cm b) 10 m c) 50 cm d) 1 m e) 2 m f) 10 cm

4 In cm oder in m messen?

A 
B 
C 
D 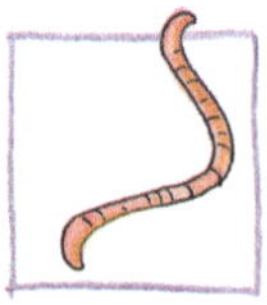

4) A: in ___

1 Kopiervorlage für Tabelle in der Handreichung/BiBox für Lehrer/-innen.
3 **Fotografie:** Gefundene Repräsentanten der Längen fotografieren und präsentieren, ggf. ausdrucken und ein Merkplakat erstellen oder für eine digitale Pinnwand nutzen: Was ist 1 cm, 10 cm, 1 m lang?

Rechnen mit Längen

1 Ordne. Beginne mit der kleinsten Länge.

1 a) 10 cm < ___ cm <

a) | 10 cm | 93 cm | 58 cm | 100 cm | 39 cm |

b) | 52 cm | 75 cm | 18 cm | 81 cm | 25 cm |

2 Achte auf die Einheiten.

a) 25 m + 75 m
36 m + 54 m
75 m − 25 m

b) 47 cm − 30 cm
75 cm + 20 cm
100 cm − 25 cm

c) 44 m + 6 m
75 m − 9 m
85 m − 7 m

3

a) 80 cm + __ cm = 1 m
75 cm + __ cm = 1 m
60 cm + __ cm = 1 m

b) 25 cm + __ cm = 1 m
50 cm + __ cm = 1 m
85 cm + __ cm = 1 m

c) 90 cm + __ cm = 1 m
95 cm + __ cm = 1 m
99 cm + __ cm = 1 m

4 Wandle um.

a) 100 cm
110 cm
125 cm

b) 150 cm
175 cm
180 cm

c) 185 cm
200 cm
195 cm

4 a) 100 cm = 1 m
110 cm = 1 m 10 cm
125 cm =

5 Ordne. Beginne mit der kleinsten Länge.

a) 1 m 25 cm | 1 m 10 cm | 1 m 35 cm | 1 m 75 cm | 1 m 90 cm

b) 1 m 14 cm | 1 m 54 cm | 127 cm | 2 m | 1 m 8 cm

6 a) Trage die Namen und die Größe der Kinder in eine Tabelle ein. Beginne mit dem größten Kind.

Maria 1 m 32 cm

Felix 1 m 29 cm

Sara 1 m 18 cm

Murat 1 m 37 cm

Name	Größe

b) Was stimmt?

A: Murat ist 5 cm größer als Maria.
B: Felix ist 11 cm kleiner als Sara.
C: Sara ist 14 cm kleiner als Maria.
D: Murat ist 6 cm größer als Felix.

S. 67 | 19 G-H | AH S. 59-60

1 Was braucht ihr für euer Klassenfest?

Zum Bild erzählen.
Vorherige Bearbeitung Themenheft Addieren und Subtrahieren bis S. 38 empfohlen.

Sachrechnen – Fragen und Antworten

1

5 Kinder wollen kein Brötchen.

Wie viele Brötchen brauchen wir dann?

Wir brauchen ___ Brötchen.

2

Für jeden eine Brezel.

Wie viele Brezeln brauchen wir?

Wir brauchen ___ Brezeln.

3

Immer zehn Brezeln sind in einer Packung.

Wie viele ______ ______________?

4 Welche dieser Fragen kannst du nicht beantworten?

A Wie viele Kinder essen Käsespieße?

B Wie lange dauert das Fest?

C Wie viele Personen kommen zum Fest?

D Wie viele Kinder trinken Tee?

5 Schreibe eigene Aufgaben zum Klassenfest in dein Heft.

1 Was gehört zusammen?
Schreibe Frage, Lösung und Antwort in dein Heft.

1) A Frage: Wie viele ...
Lösung:
Antwort:

A

Im Korb sind 28 Hörnchen. Bäcker Meier bringt noch 30 frische dazu.

B

Es waren 37 Körnerbrötchen. Jetzt sind es nur noch 9.

C

Es sind noch 28 Käsebrötchen da. Frau Meier verkauft 15 Stück.

Frage: Wie viele Hörnchen sind es jetzt?

Frage: Wie viele Milchbrötchen isst Frau Schulz?

Frage: Wie viele Käsebrötchen sind es jetzt?

Frage: Wie viele Körnerbrötchen wurden verkauft?

Lösung:
37 – ____ = 9

Lösung:
28 + 37 = ____

Lösung:
28 – 15 = ____

Lösung:
28 + 30 = ____

Antwort: Es wurden ____ Körnerbrötchen verkauft.

Antwort: Bäcker Meier ist 65 Jahre alt.

Antwort: Jetzt sind es ____ Käsebrötchen.

Antwort: Jetzt sind es ____ Hörnchen.

S. 68

Eine Frage, eine Lösung und eine Antwort bleiben übrig.

1 Finde jeweils eine Frage, Lösung und Antwort.

a)

Im Korb sind 16 Brötchen. Bäcker Meier bringt noch 50 frische Brötchen dazu.

1 a) F.: Wie viele Brötchen sind es jetzt?

L.: 16 + 50 =

A.:

b)

In der Auslage liegen 24 Kekse. Bäcker Meier bringt noch 30 Kekse dazu.

c)

In der Auslage liegen 12 Stücke Apfelkuchen. Bäcker Meier bringt noch 20 Stücke dazu.

2 a) Im Korb liegen 22 Brötchen. Frau Nowak kauft 6 Brötchen.

F.: Wie viele Brötchen ...?

b) Im Korb liegen 24 Hörnchen. Herr Walter kauft 8 Hörnchen.

3 a) Für das Klassenfest kauft Herr Zier 35 Mohnbrötchen und 50 Sesambrötchen.

b) Amina kauft mit ihrer Mutter 25 Hähnchenspieße und 30 Würstchen.

c) Herr Winter kauft 30 Erdbeereis und 12 Vanilleeis am Stiel.

d) Frau Vogel kauft 16 Flaschen Saft und 20 Flaschen Wasser.

4 Schreibe eine eigene Rechengeschichte auf.
Dein Partnerkind schreibt eine Frage, Lösung und Antwort auf.

4 **Textverarbeitung:** Eigene Rechengeschichten schreiben und lösen (Vorlage in der BiBox für Leher/-innen).

1 Heute wollen Yunus und seine Mutter in das Museum.

1) F.: Wie viel Euro müssen sie bezahlen?
L.: ______
A.: ______

2 Am Nachmittag wollen Herr und Frau Müller mit Kira und Max in das Museum.

3 Pia feiert ihren Geburtstag mit fünf Freundinnen und ihrer Mutter im Museum.

4 Frau Lami geht mit ihren Kindern in das Museum. Sie zahlen zusammen 19 € Eintritt.

5 Die Klasse 2a der Astrid-Lindgren-Schule kommt um 11.00 Uhr am Museum an. Sie bleiben vier Stunden im Museum.

5) F.: Wann fahren sie wieder zurück?
L.: 11.00 Uhr —4 Stunden→ ___ Uhr
A.: ______

6 Die Klasse 2b kommt um 9.00 am Museum an. Um 13.30 Uhr fahren sie wieder zurück.

AH S. 61 S. 69

1 Es gibt viele verschiedene Möglichkeiten, Hemden und Hosen zu kombinieren. Flo hat zwei Möglichkeiten aufgemalt. Findest du weitere Möglichkeiten? Male sie in dein Heft.

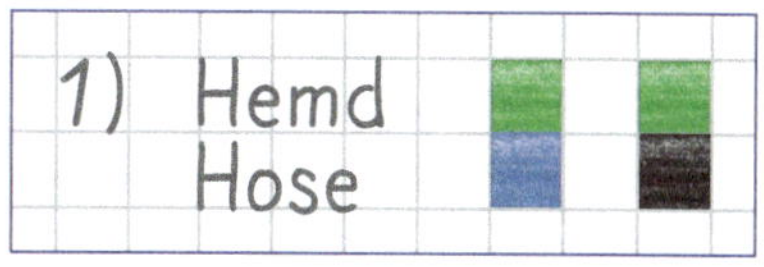

2 Es gibt auch noch rote und gelbe Kappen. Male ein Dreieck für die Kappe. Wie viele verschiedene Möglichkeiten findest du, Kappen, Hemden und Hosen zu kombinieren?

3 Sport Meier hat die Hemden in vier Farben und die Hosen in drei Farben.

a) Wie viele Möglichkeiten findest du, Hemden und Hosen zu kombinieren?

b) Schreibe zu deiner Lösung eine Malaufgabe.

4 Bei Sport Schulte gibt es Hemden in sechs Farben. Frau Schulte sagt: „Ich kann Hemden und Hosen auf 18 verschiedene Weisen kombinieren." Wie viele Farben haben die Hosen bei Sport Schulte?

5 Tischtennis-Turnier

a) Anton, Paul und Kevin spielen gegen Mia, Tina und Lisa. Wie viele Spiele gibt es?

b) Bei den Jungen spielt auch noch Max mit. Wie viele Spiele gibt es jetzt?

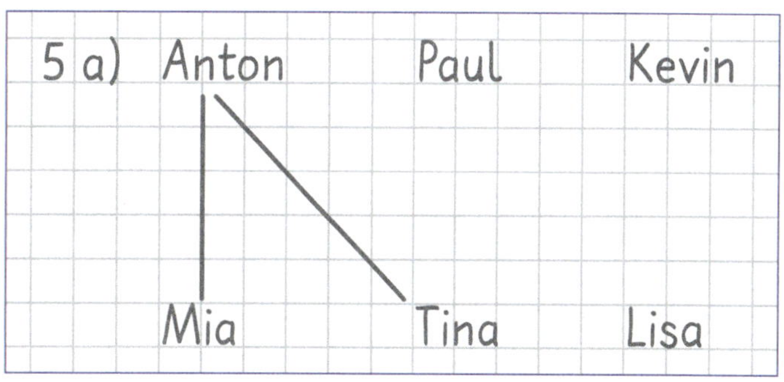

4, 5 Lösung kann rechnerisch oder zeichnerisch gefunden werden.

Vorherige Bearbeitung Themenhefte Addieren und Subtrahieren bis S. 38 und Multiplizieren und Dividieren bis S. 22 empfohlen.

S. 70 AH S. 62

SPIELEFEST

1 Welche Farbe kommt wohl häufiger?
Blau oder rot?

2 Welche Farbe kommt wohl häufiger?
Gelb oder grün?

3

4 a) Was ist möglich?
A: Lara zieht eine rote Kugel.
B: Lara zieht eine grüne Kugel.
C: Lara zieht eine blaue Kugel.

b) Was ist sicher und was ist unmöglich?

5 Was ist wohl wahrscheinlicher?
Beim Würfeln eine 6 zu würfeln
oder
beim Werfen einer Münze die Zahl zu bekommen?

Zufallsexperimente handelnd durchführen.
3 Über das Bild sprechen und die Begriffe handelnd nachvollziehen.

1

	Treffer	
Tina	𝍸 IIII	T
Linh	𝍸 𝍸 I	L
Erol	𝍸 II	E
Björn	𝍸 𝍸	B
Karla	𝍸 III	K

Für jeden Treffer ein Kästchen.

2 Zeichne ein Streifenbild für die Verkäufe.

Für jeden Verkauf ein Kästchen.

Brezeln	
Würstchen	
Obstspieße	
Käsespieße	

3 Getränke – Ein Kästchen für eine Flasche.

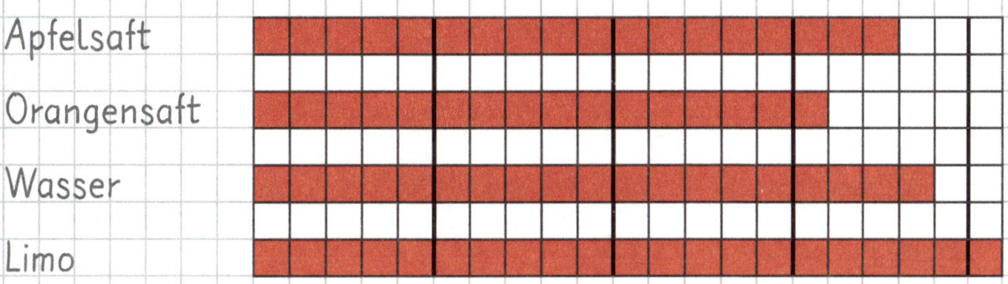

	Apfelsaft	Orangensaft	Wasser	Limo
Flaschen				

4 Fragt jedes Kind in eurer Klasse nach seinem Lieblingsgetränk. Zeichnet ein Streifenbild.

1

a) Welche Beträge von 1 ct bis 60 ct kannst du **nicht** mit diesen Münzen legen?

1 a) 4 ct,

b) Zwei Münzen fehlen, damit du alle Beträge von 1 ct bis 60 ct legen kannst. Welche können es sein?

2 Fabian und Nele haben zusammen mehr als 15 €, aber weniger als 20 €.

Fabian

Nele

Wie viel Euro hat Fabian? Wie viel Euro hat Nele? Finde zwei Möglichkeiten.

3 Wann haben Paul, Emir und Hanna Geburtstag?

3) Paul: 14.

Paul

Emir

Hanna

1 Die Aufgabe eignet sich im Anschluss an Seite 6. **1b** Es gibt vier Lösungen.
2 Die Aufgabe eignet sich im Anschluss an Seite 9.
3 Die Aufgabe eignet sich im Anschluss an Seite 20.

4 Wie alt sind Luis, Kim und Ida?

Luis, Kim und Ida sind zusammen 21 Jahre alt.

Ida ist ein Jahr jünger als Luis.

Luis ist ein Jahr jünger als Kim.

Kim ist zwei Jahre älter als Ida.

5 Wie weit sind die Ameisen von ihrem Ameisenhügel entfernt?

Ameise D ist 10 cm näher am Hügel als Ameise C.

Ameise A ist dreimal so weit vom Hügel entfernt wie Ameise C.

Ameise B ist 60 cm vom Hügel weg.

Ameise C ist halb so weit vom Hügel entfernt wie Ameise B.

6 Die Klasse 2 c bastelt Wimpelketten.
Wie viele verschiedene Wimpelketten können die Kinder basteln? Beachte die Regeln.

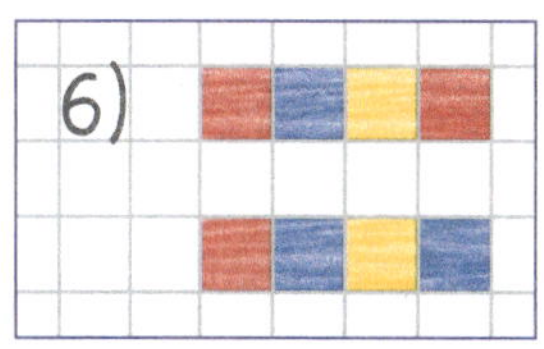

Jede Kette hat vier Wimpel.

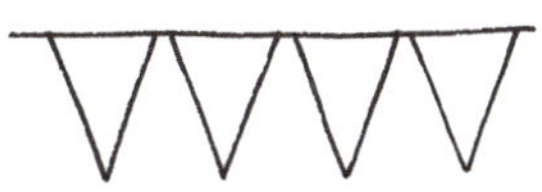

Die Wimpel sind rot, gelb und blau.

Jede Farbe muss in der Kette vorkommen.

Gleiche Farben dürfen nicht nebeneinander sein.

4 Die Aufgabe eignet sich im Anschluss an Seite 21, kann jedoch auch früher eingesetzt werden.
5 Die Aufgabe eignet sich im Anschluss an Seite 27.
6 Die Aufgabe eignet sich im Anschluss an Seite 33.

Geld

Euro und **Cent**

1 Euro hat 100 Cent.
1 € = 100 ct

€	Euro
ct	Cent

Zeit

Stunde und **Minute**

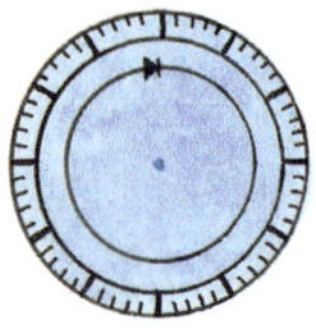

1 Stunde hat 60 Minuten.
1 h = 60 min

h	Stunde
min	Minute
s	Sekunde

Uhrzeit ablesen

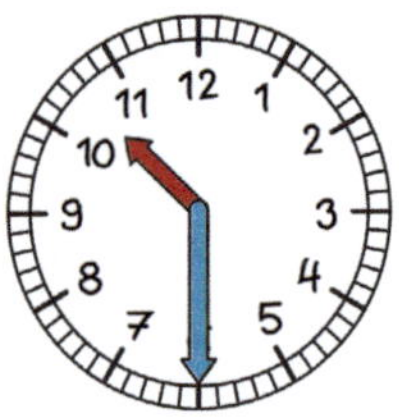

10.30 Uhr
22.30 Uhr

10 Uhr 30 vormittags
oder
22 Uhr 30 abends

Viertel nach 12

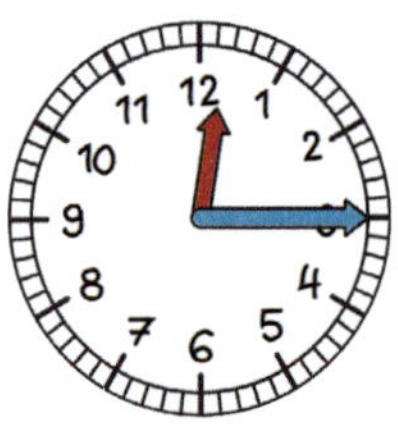

12.15 Uhr
0.15 Uhr

halb 1

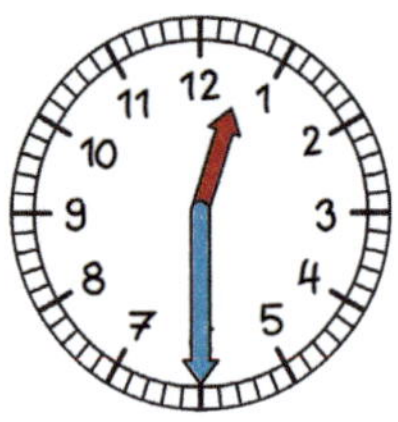

12.30 Uhr
0.30 Uhr

Viertel vor 1

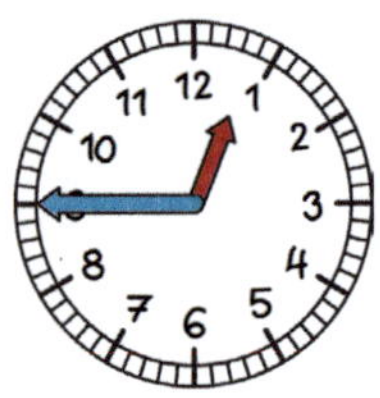

12.45 Uhr
0.45 Uhr

Längen

Meter und **Zentimeter**

1 Meter hat 100 Zentimeter.
1 m = 100 cm

Schrittlänge

1 m

Daumenbreite

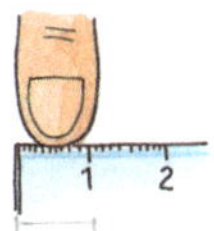

1 cm

m Meter

cm Zentimeter

Sachrechnen – Daten und Zufall

sicher, möglich, unmöglich

Sicher ist:
Tim zieht nur rote und gelbe Kugeln.

Möglich ist:
Tim zieht eine gelbe Kugel.

Unmöglich ist:
Tim zieht eine blaue Kugel.

Flex und Flo für das 2. Schuljahr

MATERIALIEN FÜR SCHÜLERINNEN UND SCHÜLER

Addieren und Subtrahieren 2 .... 978-3-14-**118126**-5
Multiplizieren und Dividieren 2 .... 978-3-14-**118127**-2
Geometrie 2 .... 978-3-14-**118128**-9
Sachrechnen und Größen 2 .... 978-3-14-**118129**-6

Lernpaket 2
4 Themenhefte + Beilagen 978-3-14-**118130**-2
BiBox für Schüler/-innen WEB-14-**118145**

ZUSATZMATERIALIEN
Arbeitsheft 2 .... 978-3-14-**118133**-3
Trainingsheft 2 .... 978-3-14-**118162**-3
Trainingsheft Interaktiv 2 .... WEB-14-**118180**

Themenhefte inklusiv B
Zahlen bis 20 (B) 978-3-14-**118413**-6
Rechnen bis 20 (B) 978-3-14-**118414**-3
Geometrie (B) 978-3-14-**118415**-0
Sachrechnen und Größen (B) 978-3-14-**118416**-7

Lernpaket inklusiv B
4 Themenhefte + Beilagen 978-3-14-**118412**-9

MATERIALIEN FÜR LEHRERINNEN UND LEHRER

Handreichung 2 .... 978-3-14-**118135**-7
BiBox für Lehrer/-innen 2, *Einzellizenz* WEB-14-**118146**
Kollegiumslizenz WEB-14-**118148**

Kopiervorlagen 2 .... 978-3-14-**118152**-4
Förder-Kopiervorlagen 2 .... 978-3-14-**118154**-8
Forder-Kopiervorlagen 2 .... 978-3-14-**118156**-2
Lernwege-Karten 2 .... 978-3-14-**118159**-3
Diagnoseheft 2 .... 978-3-14-**118149**-4
Entdeckerkartei 2 .... 978-3-14-**118161**-6

10 Sätze Einmaleins-Tafel 978-3-14-**118185**-2